DICTIONNAIRE

DES

SCIENCES NATURELLES.

PLANCHES.

CRISTALLOGRAPHIE ET MINÉRALOGIE.

STRASBOURG, DE L'IMP. DE F. G. LEVRAULT.

DICTIONNAIRE
DES
SCIENCES NATURELLES.

Planches.

1.re PARTIE : RÈGNE INORGANISÉ.

CRISTALLOGRAPHIE.

PAR
M. BROCHANT DE VILLERS,
Membre de l'Académie royale des sciences de l'Institut.

MINÉRALOGIE.

PAR
M. ALEXANDRE BRONGNIART,
Membre de l'Académie royale des sciences de l'Institut.

PARIS,
F. G. LEVRAULT, LIBRAIRE-ÉDITEUR, rue de la Harpe, n.° 81;
Meme maison, rue des Juifs, n.° 33, à STRASBOURG.
1816 — 1830.

TABLE DES PLANCHES

DU

DICTIONNAIRE DES SCIENCES NATURELLES.

CRISTALLOGRAPHIE.

Explication des Planches relatives à l'article CRISTALLISATION, *tome XI, page 430, et contenues dans le 10.e Cahier.*

Observ. Il a été impossible de disposer constamment les figures dans le même ordre que les parties du texte auxquelles elles ont rapport : d'abord, la nécessité de ne pas trop en multiplier le nombre à force de faire servir une même figure à l'éclaircissement de plusieurs faits; en outre, on a jugé qu'il étoit utile de réunir dans la même planche les figures qui ont plus de rapport entre elles, afin que le lecteur puisse les comprendre plus facilement.

Moyens de mesurer les angles des cristaux.

Numéros d'ordre.

Pl. I, fig. 1. Goniomètre ordinaire de Carangeot, à demi-cercle fixe.
2. Alidades... } du Goniomètre ordinaire, à demi-cercle libre.
3. Demi-cercle }

Pl. II, fig. 4. Goniomètre à réflexion.
5. Construction pour démontrer les résultats de l'emploi des goniomètres à réflexion.
6. } Constructions géométriques destinées à faire connoître comment on mesure l'angle dièdre d'un cristal par réflexion avec le cercle répétiteur ordinaire.
7. }
8. Goniomètre à réflexion du docteur Wollaston.

Formes dominantes des cristaux et des solides de clivage.

Pl. III, fig. 9. Tétraèdre régulier.............. } avec sa projection horizontale.
10. Cube.......................... }
11. Prisme droit à base carrée...... }
12. Prisme droit à base rectangle.... }
13. Prisme droit rhomboïdal .... }
14. Prisme quadrangulaire, à base oblique non symétrique .... }
15. Prisme quadrangulaire, à base oblique reposant sur une face..... }

Numéros d'ordre.

Pl. III, fig. 16. Prisme quadrangulaire, à base oblique reposant sur une arête, avec sa projection horizontale.

17. Prisme du même genre, avec la condition qui produit le rhomboèdre obtus.

Pl. IV, fig. 18. Prisme du même genre, avec la condition qui produit le rhomboèdre aigu.

19. Rhomboèdre obtus } disposé verticalement, suivant son
20. Rhomboèdre aigu } axe, avec sa projection horizontale.

21. Octaèdre régulier, avec sa base ou coupe principale, et un de ses triangles.

22. Octaèdre à base carrée, aigu .. } avec ses deux coupes
23. Octaèdre à base carrée, obtus .. } principales et un de ses triangles.

24. Octaèdre à triangles scalènes, avec ses trois coupes principales et un de ses triangles.

25. Le même octaèdre, disposé verticalement sur un autre axe que dans la figure précédente.

26. Octaèdre à base rectangle, avec ses deux coupes principales et deux de ses triangles.

Pl. V, fig. 27. Espèce d'octaèdre, qui n'est qu'un rhomboèdre tronqué .... } avec sa projection horizontale.
28. Le même solide disposé suivant l'axe du rhomboèdre dont il dérive... }
29. Passage de l'octaèdre régulier au rhomboèdre .... }

30. Octaèdre régulier cunéiforme.

31. Le même solide, disposé comme un prisme.

32. Octaèdre à base rectangle, cunéiforme.

33. Le même solide, disposé comme un prisme.

34. } Octaèdre lamelliforme ou segminiforme.
35. }

Pl. VI, fig. 36. Prisme hexagonal régulier .... } avec sa projection horizontale.
37. Prisme hexagonal symétrique .... }
38. Dodécaèdre rhomboïdal régulier, disposé sur un de ses axes joignant deux angles solides quadruples opposés .... }
39. Le même solide, disposé sur un de ses axes joignant deux angles solides triples opposés... .... }

40. Rhombe du dodécaèdre rhomboïdal régulier.

41. Dodécaèdre pentagonal symétrique, avec sa projection horizontale.

42. Face pentagonale du solide précédent.

43. Pentagone régulier (pour servir de comparaison avec le précédent).

44. Icosaèdre triangulaire symétrique, avec sa projection horizontale

45. } Face triangulaire isocèle.... } du solide précédent.
46. } Face triangulaire équilatérale }

Pl. VII, fig. 47. Dodécaèdre triangulaire isocèle, avec sa projection horizontale.

Numéros d'ordre.

Pl. VII, fig. 48. Dodécaèdre triangulaire scalène .. } avec sa projection
49. Trapézoèdre .... } horizontale.
50. Face quadrilatère du trapézoèdre.

Modifications des formes dominantes.

Pl. VII, fig. 51. Biseau sur l'arète d'un prisme.
52. Biseau sur la base, correspondant à deux faces latérales.
53. Biseau sur la base, correspondant à deux arètes latérales.
54. Biseau sur la base, dont l'arète est inclinée à l'axe.
55. Biseau sur la base, dont les deux faces sont diversement inclinées à l'axe.
56. Pointement à trois faces qui correspondent à trois faces non adjacentes d'un prisme hexagonal.
Pl. VIII, fig. 57. Pointement à quatre faces placées sur les faces latérales d'un prisme quadrangulaire.
58. Pointement à quatre faces placées sur les arètes d'un prisme quadrangulaire.
59. Pointement régulier... } à six faces placées sur les faces
60. Pointement symétrique } d'un prisme hexagonal.
61. Pointement à six faces, terminé par une ligne. (C'est la figure 59 élargie.)
62. Biseau ayant son arète tronquée.
63. Double biseau sur la base d'un prisme.
64. Double pointement sur la base d'un prisme.
65. Anomalie dans la symétrie des modifications d'un prisme hexagonal. (*Tourmaline.*)
Pl. IX, fig. 66. Anomalie semblable qui produit un prisme triangulaire. (*Tourmaline.*)

Symétrie dans la disposition des modifications. Passages à d'autres formes.

1.° *Sur le tétraèdre régulier.*

67. Passage à l'octaèdre régulier.
68. Passage au cube.
69. Passage au dodécaèdre rhomboïdal régulier.
70. Passage au trapézoèdre, par une modification combinée avec la suivante.
71. Passage au trapézoèdre, par une modification combinée avec la précédente.

2.° *Sur l'octaèdre régulier.*

72. Passage au dodécaèdre rhomboïdal régulier.
73. Passage au cube.
74. Passage à l'icosaèdre et au dodécaèdre pentagonal.
75. Octaèdre avec troncature sur tous ses angles, et biseau sur toutes ses arètes.

Numéros d'ordre.

Pl. IX, fig. 76. Passage de l'octaèdre au trapézoèdre. (*Il ne paroît pas que cette forme, quoique possible, ait été encore observée.*)

3.° Sur le cube.

77. Passage du cube à l'octaèdre.
Pl. X, fig. 78. Passage du cube au dodécaèdre rhomboïdal.
79. Cube avec biseau sur toutes ses arêtes.
80. Le même solide, dans lequel les faces du cube n'existent plus.
81. Passage du cube au trapézoèdre.
82. Passage du cube au dodécaèdre pentagonal symétrique.
83. Passage du cube à l'icosaèdre symétrique.
84. Passage de l'icosaèdre au triacontaèdre.
85. Triacontaèdre.
86. Anomalie dans la symétrie des modifications d'un cube. (*Magnésie boratée.*)

4.° Sur le dodécaèdre rhomboïdal.

87. Passage du dodécaèdre rhomboïdal au trapézoèdre.
88. Passage du dodécaèdre rhomboïdal à l'octaèdre régulier.
89. Le cristal précédent, avec pointement sur les six angles solides quadruples.

5.° Sur les rhomboèdres.

Pl. XI, fig. 90. Rhomboèdre avec pointement à trois faces au sommet; passage à un autre rhomboèdre.
91. Rhomboèdre avec pointement à six faces; passage au dodécaèdre triangulaire scalène.
92. Rhomboèdre tronqué obliquement sur ses angles latéraux; passage à un autre rhomboèdre.
93. Rhomboèdre tronqué verticalement sur ses angles latéraux; passage au prisme hexagonal régulier.
94. Rhomboèdre tronqué sur ses arêtes supérieures; passage à un autre rhomboèdre.
95. Rhomboèdre avec biseau sur ses angles latéraux; passage à un dodécaèdre triangulaire isocèle.
96. Rhomboèdre avec biseau sur ses arêtes supérieures; passage à un dodécaèdre triangulaire scalène.
97. Rhomboèdre tronqué verticalement sur ses arêtes inférieures; passage au prisme hexagonal régulier.
98. Rhomboèdre avec biseau sur ses arêtes inférieures; passage au dodécaèdre triangulaire scalène.

6.° Sur plusieurs autres formes dominantes.

Pl. XII, fig. 99. Prisme droit à base carrée, tronqué sur toutes ses arêtes.
100. Prisme droit rectangulaire, tronqué sur tous ses angles, et diversement sur ses trois sortes d'arêtes.

Numéros d'ordre.

Pl. XII, fig. 101. Prisme droit rhomboïdal; exemple de ses modifications.

102. Prisme hexagonal symétrique; exemple de ses modifications.

103.
104.
105. Prisme quadrangulaire, à base oblique reposant sur une arète ou sur une face; exemples de la symétrie de ses modifications.

106. Prisme hexagonal régulier, tronqué sur tous ses angles et sur ses arètes latérales.

107. Prisme hexagonal avec troncatures sur ses arètes latérales, et pointement à six faces sur la base.

Pl. XIII, fig. 108.
109.
110. Octaèdre à triangles scalènes; exemples de la symétrie de ses modifications.

111. Octaèdre à base rectangle; *idem.*

112. Dodécaèdre triangulaire isocèle; *idem.*

113. Dodécaèdre triangulaire scalène, *idem.*

Théorie de la structure des cristaux.

114. Octaèdre régulier, inscrit dans un tétraèdre régulier, produit par le prolongement de la moitié de ses faces.

115. Dodécaèdre triangulaire isocèle inscrit dans un rhomboèdre, produit par le prolongement de la moitié de ses faces.

116. Exemple des moyens que l'on peut avoir de déterminer les élémens d'une forme primitive rhomboèdre. (*Tiré de la chaux carbonatée.*)

Pl. XIV, fig. 117. Exemple d'un décroissement de molécules par une rangée sur une arète.

118. Dodécaèdre rhomboïdal, produit sur un cube par un décroissement par une rangée sur toutes les arètes.

119.
120.
121. Représentation des lames supérieures successives de la fig. 122.

122. Exemple d'un décroissement de molécules par une rangée, sur l'angle d'un cube.

123. Cube, composé de lames parallèlement à toutes ses faces. (*C'est le même solide qui sert de base aux six figures précédentes et à la suivante.*)

124. Coupe du cube précédent, avec indications de plusieurs espèces de décroissemens.

Pl. XV, fig. 125.
126. Parallélipipèdes primitifs, dont les faces, arètes et angles portent les lettres adoptées par M. Haüy, dans sa méthode représentative des divers décroissemens qui ont produit les faces d'un cristal secondaire.

127. Parallélipipède primitif, avec les triangles mensurateurs qui servent à calculer la valeur des décroissemens, etc.

Numéros d'ordre.

Hémitropies; groupes réguliers.

TABLE DES PLANCHES

DU

DICTIONNAIRE DES SCIENCES NATURELLES.

MINÉRALOGIE.

Explication des Planches relatives à la théorie de la formation des agates et silex en nodules, insérée dans l'article Silex, *tome XLIX, page 172, et Cahier de planches n.° 59.*

Numéros d'ordre.

Pl. I, fig. 1. Nodule ovoïde d'agate d'Oberstein, faisant voir une des formes dominantes de ces nodules et les orbicules siliceux de sa surface.

2. Portion d'aphanite ou spilite, montrant les nodules d'agate qui y sont engagés, et les cristaux de quarz qui en tapissent quelquefois la cavité.

3. Nodule amygdalaire d'agate d'Oberstein.

Pl. II, fig. 1. Portion de nodule d'agate montrant la succession des zones de diverses couleurs, qui le composent depuis son écorce jusqu'à son centre.

2. Exemple d'agate onix, remarquable par le nombre, le parallélisme et la finesse des zones qui la composent. (Tiré de la collection du Muséum royal d'histoire naturelle.)

Pl. III, fig. 1. Portion d'aphanite brun, passant au spilite, montrant en petit la disposition des nodules sphéroïdaux d'agate, leur structure à couches concentriques et l'altération de plusieurs d'entre eux en calcédoine opaque (d'Oberstein).

2. Échantillon de silex calcédonieux des environs de Coulommier, montrant la silice étendue comme une membrane sur les sommités des mamelons. (Décrit page 132 du tome XLIX.)

Pl. IV, fig. 1 et 2. Nodules d'agate, montrant en *a* le canal fig. 1, ou l'ouverture fig. 2 d'introduction de la matière siliceuse, colorée dans l'intérieur des nodules.

3. Nodule creux d'agate d'Islande, montrant la matière siliceuse en dépôt plus épais à la partie inférieure *b*, que vers la partie supérieure *a* de ce petit nodule amygdalaire. (Voyez tome XLIX, page 175.)

Numéros d'ordre.

Pl. V. Disposition des couleurs dans les agates.

Fig. 1. Agate ponctuée.

2. Agate tachée.

3. Agate œillée.

4. Agate œillée, montrant en *a* que les zones circulaires sont la coupe transversale des surfaces différentes et successives des concrétions cylindroïdes ou stalactites siliceux, agrégés et réunis par suite de leur accroissement.

5. Coupe transversale d'une masse d'agate, composée de stalactites cylindroïdes, hérissées de cristaux de quarz et réunies par une pâte générale d'agate très-vivement colorée.

6. Agate montrant en *a* des fissures comme resoudées ou des filamens rectilignes, qui semblent avoir eu une action particulière sur la matière colorante qui les avoisinoit.

Pl. VI. Plusieurs exemples d'orbicules siliceux, mentionnés et décrits page 178.

Fig. 1 et 2. *Gryphæa arcuata* des environs d'Alais, couvert d'orbicules siliceux, vus à la loupe et figurés séparément en 1 *a* et 2 *a*.

La figure 1 présente en *b* un canal en demi-cylindre, évidemment dû à un ver marin lithophage. Les orbicules 1 *a* du bord inférieur de ce canal suivent les contours de ses parois.

3. *Gryphæa*, avec les mêmes orbicules moins sentis.

4. *Gryphæa columba*, avec des orbicules plus déprimés, plus délicats, plus nombreux, entrant dans le test de la coquille.

3 *a* et 4 *a*. Développement de ces orbicules.

Pl. VII. Autres exemples d'orbicules siliceux.

Fig. 1 et 1 *a*. Petits orbicules sur une térébratule lisse, dont le test étoit presque entièrement siliceux.

2 et 2 *a*. Orbicules sur une térébratule striée, dont le test étoit resté calcaire.

3. Orbicules sur une portion de *Pecten* de la glauconie sableuse : ils sont très-déliés.

4 et 4 *a*. Orbicules sur un spatangue.

5 et 5 *a*. Orbicules superficiels sur un morceau d'agate commune noirâtre.

DICTIONNAIRE

DES

SCIENCES NATURELLES.

PLANCHES.

BOTANIQUE : VÉGÉTAUX ACOTYLÉDONS.

TABLES DES PLANCHES

DU

DICTIONNAIRE DES SCIENCES NATURELLES.

BOTANIQUE.

1.re DIVISION. = VÉGÉTAUX ACOTYLÉDONS.

N.° d'ordre.	FAMILLES.	GENRES ET ESPÈCES.	RENVOI AU TEXTE. Tome.	Page.	N.° du cahier.
		VÉGÉTO-ANIMAUX.[1]			
		Bacillaire commune......	3 S.[2]	158	
			58	77	
		= de Lyngbye	61[3]		
		= vitrée.........	61		
		= à deux points...	58	75	
		= verte..........	61		
		= de Müller.....	58	76	
		Navicule des huîtres.....	34	318	
		= à un point.....	61		
		= obtuse........	61		
1*	VÉSICULINÉS....	= à deux points...	58	75	56
		= grammite.......	61		
		= amphisbène	61		
		= bitronquée	61		
		= oblique........	61		
		Lunuline vulgaire	58	76	
		= olivacée.......	51	184	
		Stylaire paradoxe	51	183	
		Échinelle en coin........	14	185	
			51	183	
		= étroite.........	14	185	
		Palmétine fauve..........	61		
2*	VÉSICULINÉS....	Navicule tranchet........	61		54
3*	Incertaine.....	Surirelle striée..........	51	408	55

1 Êtres organisés mixtes doués d'un mouvement remarquable de locomotion. Ces êtres mixtes, pouvant tout aussi bien commencer le règne végétal que le règne animal, ont été placés en tête du premier, mais avec une série de numéros distincte. (TURPIN.)

2 Le S indique le supplément du volume.

3 Tous les articles du 61.e volume (ou supplément) étant placés dans leur ordre alphabétique, on n'en indique pas la page.

N.o d'ordre.	FAMILLES.	GENRES ET ESPÈCES.	RENVOI AU TEXTE. Tome.	Page.	N.o du cahier.

CLASSE PREMIÈRE.

ACOTYLÉDONIE.

N.o d'ordre.	FAMILLES.	GENRES ET ESPÈCES.	Tome.	Page.	N.o du cahier.
1	GLOBULINÉS. ...	Protosphérie simple	61		54
2	*Id.* filamenteux.	Protonème simple........	61		54
3	*Idem* solitaires.	Globuline du vin........	61		52
		= de la bière.....	61		
		= de la chair.....	61		
4	GLOBULINÉS et VÉSICULINÉS.	= botryoïde	61		51
		Fragilaire des murailles ..	61		
5	GLOBULINÉS solitaires.	Globuline d'une eau sucrée.	61		
6	*Idem*.........	= blanche........	61		48
		= noire..........	61		
		= couleur de soufre	61		
		= bleue..........	61		
		= botryoïde	26	58	
			43	411	
		= rouge..........	61		
7	*Idem*.........	= sanguine.......	61		52
		= botryoïde......	26	58	
			43	411	
		= visqueuse	61		
8	*Idem* composés.	Pectoraline hébraïque	19	196	
9	*Idem* enchaînés.	Alysphérie des mousses ...	61		48
		= des antiques...	61		
		= jaune.........	61		
		= chlorine......	26	58	
		= vert-jaunâtre ..	61		
10	VÉSICULINÉS....	Bichatie vésiculineuse.....	61		53
11	*Idem*.........	Thessarthonie...........	61		51
		Achnanthes	34	361	
		Hétérocarpelle à 2 vésicules.	61		
		= amère	61		
		= quadrijuguée.	61		
		Érythrynelle annelée	61		
		Burselle olivacée..	61		
		Héliérelle à vésicules en forme de rein	61		
		Héliérelle de Napoléon....	61		
		= de Bory	61		
		= tronquée.......	61		
		Ursinelle perlée.........	56	375	
		Stomatelle poreuse.......	51	74	
12	*Idem* moniliformes.	Nostoc commun...	35	156	53
		= pruniforme.......	35	159	
		= bleu............	35	156	

N.° d'ordre.	FAMILLES.	GENRES ET ESPÈCES.	RENVOI AU TEXTE. Tome.	Page.	N.° du cahier.
13	Vésiculinés moniliformes.	Clavatelle très-verte	61		53
		″ nostoc-marin	61		
14	*Idem* diaphragmés.	Oscillaire d'Adanson	36	556	51
			43	520	
		″ élégante	61		
		″ tournante	61		
15	*Idem* diaphragmés et non diaphragmés.	″ triappendiculée	36	556	50
		Spiruline oscillarioïde	50	309	
		Oscillaire noduleuse	36	556	
16	*Idem* diaphragmés, globulinés.	″ distorte	36	556	51
		″ pariétine	36	556	
		Fragilaire des murailles	61		
		Globuline botryoïde	61		
17	*Idem* diaphragmés.	Chantransie des ruisseaux	8	143	49
18	*Idem*	Salmacis quinine	10	267	
			47	86	
		Léda à deux points	10	268	
			25	406	
		Salmacis brillante	10	267	
			47	86	
19	*Idem*	Zygnème genouillée	10	268	
		″ comprimée	50	268	
20	*Idem*	Diatome vulgaire	13	170	53
		″ de Swartz	13	170	
		″ aurita	13	170	
		Fragilaire uniponctuée	17	339	
21	*Idem* réticulés.	Hydrodyctie pentagone	22	177	49
			45	284	
22	*Idem* diaphragmés.	Céramie pelotonnée	8	143	50
23	*Idem*	Gaillardotelle flottante	61		54
24	*Idem* non diaphragmés	Cirodelle comoïde	61		
		Navicule de Gaillon	61		
25	*Idem* diaphragmés.	Thoréa vert	54	310	50
		″ très-rameux	54	309	
		″ violacé	54	309	
26	*Idem* non diaphragmés.	Cluzelle queue-de-rat	37	281	54
27	*Idem* diaphragmés.	Chétophore élégant	8	36	53
28	*Idem*	Draparnaldie hypne	13	501	
29	*Idem*	Lemanea courbée	25	443	50
		″ coralline	25	444	
30	*Idem*	Batrachosperme à collier	4	136	51

N.° d'ordre.	FAMILLES.	GENRES ET ESPÈCES.	RENVOI AU TEXTE. Tome.	Page.	N.° du cahier
31	TUBULINÉS non diaphragmés.	Vauchérie dichotome	56	503	56
		= à hameçon.....	61		
		= en gazon	61		
		= à bouquets.....	61		
		= aquatique......	61		
32	*Idem*.........	= dichotome (germ.)	56	503	
33	CÉRAMIÉES.....	Ceramium en balai.......	7	425	11
		= casuarine	53	392	
		= pédicellé	7	422	
			53	392	
34	SPONGODIÉES....	Spongodium alongé	50	334	51
		= obtus........	50	334	
		= en crête.....	50	334	
35	ULVACÉES......	Ulve intestinale.........	56	244	55
36	DYCTYOTÉES....	Dyctyote queue-de-paon ..	13	206	11
			53	371	
		= dichotome......	13	207	
			53	370	
37	FLORIDÉES.....	Dumontie du Calvados...	13	554	16
			53	363	
		= interrompue...	13	554	
			53	364	
38	*Idem*.........	Claudée élégante	9	361	11
39	ULVACÉES......	Delesseria sanguine	13	36	
			53	359	
		Delisea fimbriée.........	13	42	
			53	359	
		Ulve pourpre...........	53	372	
			56	243	
		Laminaire saccharine	25	186	
			53	357	
40	FUCACÉES......	Desmarestie Dudresnay...	13	105	
			53	358	
41	*Idem*.........	Fucus dentelé...........	17	500	9
			53	356	
		Desmarestie aiguillonnée..	13	105	
			53	358	
		Fucus siliqueux.........	17	494	
42	URÉDINÉES.....	Æcidie du poirier........	1	264	39
			1 S.	67	
			33	521	
		Podisome du genévrier...	33	522	
		Melanconium bicolor	33	522	
		Fusidium flavovirens	33	523	
			17	543	
		Coryneum pulvinatum....	33	527	
		Stilbospore macrosperme..	33	526	
			51	34	
		Prostemium betulinum...	33	527	
			43	380	

N.° d'ordre.	FAMILLES.	GENRES ET ESPÈCES.	RENVOI AU TEXTE. Tome.	Page.	N.° du cahier.
43	Mucédinées....	Thamnidium élégant.....	33	532	39
			53	410	
		Ascophora mucedo.......	33	532	
		Botrytis polyspora.......	5	243	
			5 S.	49	
			33	535	
		Helmisporium velutinum..	33	542	
		Monilia antennata.......	32	446	
			33	543	
			55	21	
		Isaria velutipes..........	33	547	
44	Lycoperdacées.	Lycogala punctatum.....	33	552	
		Cionium xanthopus......	33	554	
		Craterium pyriforme.....	33	555	
		Arcyria incarnata........	33	556	
		Stemonitis leucopodia....	33	555	
			50	280	
		= ovata.........	33	556	
45	*Idem*.........	Vesseloup à verrues......	27	405	37
			33	557	
46	Angiogastres..	Truffe comestible........	33	364	53
			55	521	
47	Champignons..	Peziza craterella.........	33	573	39
			39	366	
		= de Mougeot.......	33	573	
			39	366	
		Helvella flavovirens......	33	374	
			20	210	
		Géoglosse vert...........	33	576	
48	*Idem*.........	Agaric moucheté........	2	11	18
			33	579	
		= orangé...........	2	11	
			33	579	
49	*Idem*.........	Satyre tuniqué..........	33	580	
			39	433	
		Lanterne à trois branches.	25	447	
			33	571	
		Clathre frisée...........	9	359	
			33	581	
50	Hypoxylons...	Sphæria militaire........	33	583	39
			50	149	
		= ponctué.........	33	583	
			50	150	
		= changeant.......	33	583	
			50	160	
		Hysterium contourné.....	33	585	
		Phacidium couronné.....	39	382	

N.° d'ordre.	FAMILLES.	GENRES ET ESPÈCES.	RENVOI AU TEXTE. Tome.	Page.	N.° du cahier.
51	Hypoxylons....	Sphæria à bec barbu......	33 50	583 162	15
		Xyloma des érables......	33 59	566 159	
		Hysterium en forme de puce	33 22 33	586 400 585	
		Arthonia dendritica......	3 S.	31	
		Opegrapha serpentine	36	157	
		Verrucaria à large bouche.	57	362	
		Pertusaria commun	39 43	164 49	
52	Lichens.......	Scyphophorus entonnoir ..	48 7	242 372	17
		Bœomyces des bruyères...	5	17	
		Calicium clou	6	241	
		Patellaire distinguée	38 25	77 403	
		= venteuse	38 25	76 401	
		= brunâtre	38 25	80 401	
53	*Idem*.........	Urcéolaire à yeux bordés.	56	316	18
		Squamaria de Smith.....	50	356	
		Placodium jaune	41	195	
		Parmélia chlorophana	37 61	554	
		Colléma noircissant......	10	70	
		Imbricaria gris	23 37	40 554	
		= à duvet bleu...	23 37	42 554	
54	*Idem*.........	Sticta corne-de-daim	51	5	17
		Peltigera aux aphthes.....	38	332	
		Ombilicaire à trompe.....	38 56	330 250	
		Endocarpon rougeâtre....	14	473	
55	*Idem*.........	Physcia ciliaire..........	40 5 S.	138 36	18
		= des frênes........	40 44	139 426	
		= d'Islande	40 8	139 39	
		= chrysophthalme ..	40 5 S.	138 37	
		Lobaria pulmonaire......	27 51	95 2	

N.° d'ordre.	FAMILLES.	GENRES ET ESPÈCES.	RENVOI AU TEXTE. Tome.	RENVOI AU TEXTE. Page.	N.° du cahier.
56	LICHENS.......	Coniocarpe rouge........	10	277	15
			50	266	
		Sphérophore à globule....	50	186	
		Stéréocaulon paschal.....	50	516	
		Corniculaire piquante....	10	476	
		Usnée fleurie............	56	391	
		Cladonie des rennes.....	9	348	
			7	372	

2.e DIVISION. = VÉGÉTAUX ACOTYLÉDONS APPENDICULÉS.

CLASSE DEUXIÈME.

ACOTYLÉDONIE.

N.° d'ordre.	FAMILLES.	GENRES ET ESPÈCES.	Tome.	Page.	N.° du cahier.
57	Aspect général de la classe.	Cyathéa en arbre.......	12	270	51
		Polypode à feuilles de piloselle........	61		
		〃 à feuilles épaisses.	61		
		Lycopode phlegmaire	27	419	
		〃 penché........	27	424	
		Equisetum fluviatile......	43	273	
		Sphaigne à larges feuilles.	50	191	
58	HÉPATIQUES	Targione sphérocarpe.....	50	172	15
			52	271	
59	*Idem*	Jungermanne épiphylle...	24	277	24
		〃 aspléuoïde..	24	280	
60	*Idem*	Marchantie étoilée.......	29	114	39
		〃 ombellée.....	29	114	
		Anthocère bilobée	2	205	
61	*Idem*	Marchantie étoilée (analyse)	29	114	40
62	MOUSSES.......	Andrée des rochers.......	2	117	46
		Phascum subulé	39	454	
63	*Idem*	Sphaigne à larges feuilles.	50	191	50
64	*Idem*	Gymnostomum ovoïde....	20	144	46
65	*Idem*	Drépanophylle fauve	61		
66	*Idem*	Hedwigie aquatique......	20	331	47
67	*Idem*	Fissidens bryoïde........	17	72	45
		〃 adianthoïde	17	73	
68	*Idem*	Splachnum jaune........	50	318	
		〃 rouge	50	319	
69	*Idem*	Buxbaumie feuillée......	5 S.	155	
		〃 sans feuilles..	5 S.	155	
70	*Idem*	Politric commun.........	42	449	6

N.° d'ordre.	FAMILLES.	GENRES ET ESPÈCES.	RENVOI AU TEXTE. Tome.	Page.	N.° du cahier.
71	Mousses.......	Bartrame de Haller......	4	87	46
72	*Idem*.........	Hypnum délicat.........	61		45
		= pointu.........	2	355	45
73	*Idem*.........	Leskéa flasque...........	26	132	45
74	*Idem*.........	Hookeria pennée.........	21	419	50
			20	332	50
			44	9	50
75	*Idem*.........	Fontinale incombustible..	17	233	47
76	Lycopodiacées..	Lycopode denté.........	61		22
77	*Idem*.........	= à feuilles de Jungermanne...	61		46
78	*Idem*.........	= recourbé.... .	27	420	22
79	*Idem*.........	= phlegmaire....	27	419	21
80	*Idem*.........	Psilote de Tanna........	54	467	27
81	*Idem*.........	= à trois faces.....	43	506	25
82	Fougères......	Acrostique écussonné	1	243	28
83	*Idem*.........	Hémionite palmée	20	554	27
84	*Idem*.........	Polypode du Brésil.	42	398	28
85	*Idem*.........	Doradille radicante......	61		26
86	*Idem*.........	Pteris aquilin...........	44	18	6
87	*Idem*.........	Adiante tendre.........	1	258	28
88	*Idem*.........	Blègne à dents de scie....	4	468	28
89	*Idem*.........	Trichomane à feuilles de chêne...............	61		28
90	*Idem*.........	Onoclée sensible.........	36	138	26
91	*Idem*.........	Mertense à feuilles simples.	30	170	27
92	*Idem*.........	Platyzome à petites feuilles.	41	354	25
93	*Idem*.........	Myriothèque à feuilles de frêne	29	97	26
94	*Idem*.........	Hydroglosse à lobes......	22	240	25
95	*Idem*.........	Lophidium à larges feuilles	48	80	26
96	*Idem*.........	Schizée dichotome	48	82	25
97	*Idem*.........	Ophioglosse palmée......	36	192	26
98	*Idem*.........	Osmonde lunaire	5 S.	41	25
99	*Idem*.........	= commune......	37	10	26
100	*Idem*.........	Anémie à feuilles d'adianthe	2 S.	49	26
101	Characées.....	Charagne de Haïti.......	8	164	40
102	Équisétacées...	Prêle des fleuves.........	15	139	37
			43	277	37
103	Rhizospermes ..	Marsile à quatre feuilles..	29	202	16

FIN DE LA TABLE DES VÉGÉTAUX ACOTYLÉDONS.

www.ingramcontent.com/pod-product-compliance
Ingram Content Group UK Ltd.
Pitfield, Milton Keynes, MK11 3LW, UK
UKHW020232180726
13838UKWH00005B/2350